essentials

*essentials* liefern aktuelles Wissen in konzentrierter Form. Die Essenz dessen, worauf es als „State-of-the-Art" in der gegenwärtigen Fachdiskussion oder in der Praxis ankommt. *essentials* informieren schnell, unkompliziert und verständlich

- als Einführung in ein aktuelles Thema aus Ihrem Fachgebiet
- als Einstieg in ein für Sie noch unbekanntes Themenfeld
- als Einblick, um zum Thema mitreden zu können

Die Bücher in elektronischer und gedruckter Form bringen das Expertenwissen von Springer-Fachautoren kompakt zur Darstellung. Sie sind besonders für die Nutzung als eBook auf Tablet-PCs, eBook-Readern und Smartphones geeignet. *essentials:* Wissensbausteine aus den Wirtschafts-, Sozial- und Geisteswissenschaften, aus Technik und Naturwissenschaften sowie aus Medizin, Psychologie und Gesundheitsberufen. Von renommierten Autoren aller Springer-Verlagsmarken.

Weitere Bände in der Reihe http://www.springer.com/series/13088

David Oliver Kunysz

# Kostenschätzung im chemischen Anlagenbau

## Cost Estimation Basics

David Oliver Kunysz
Leverkusen, Deutschland

ISSN 2197-6708 ISSN 2197-6716 (electronic)
essentials
ISBN 978-3-658-29250-8 ISBN 978-3-658-29251-5 (eBook)
https://doi.org/10.1007/978-3-658-29251-5

Die Deutsche Nationalbibliothek verzeichnet diese Publikation in der Deutschen Nationalbibliografie; detaillierte bibliografische Daten sind im Internet über http://dnb.d-nb.de abrufbar.



Planung/Lektorat: Alexander Gruen
Springer Vieweg ist ein Imprint der eingetragenen Gesellschaft Springer Fachmedien Wiesbaden GmbH und ist ein Teil von Springer Nature.
Die Anschrift der Gesellschaft ist: Abraham-Lincoln-Str. 46, 65189 Wiesbaden, Germany

# Was Sie in diesem *essential* finden können

- Wesentliche Projektphasen im chemischen Anlagenbau
- Planungstiefe und Schätzgenauigkeiten
- Beschreibung und Darstellung der Schätzmethoden
- Beschreibung der Preisquellen und Kostenindizes

# Vorwort

Ziel und Zweck dieses *essentials* ist es, dem Projektingenieur bei seiner vielfältigen Arbeit eine Gedankenstütze zu sein. Dabei soll das *essential* eine Planungs- und Orientierungshilfe für die Umsetzung des relevanten Themas rund um die Kostenschätzung und Projektierung von verfahrenstechnischen Anlagen sein.

Das Buch beschreibt in kompakter Weise die Grundlagen der Kostenschätzung im chemischen Anlagenbau in den jeweiligen Projektphasen.

Es richtet sich dabei an Studierende der Verfahrenstechnik, des Chemieingenieurwesens sowie an Projektingenieure, die zum ersten Mal mit der Thematik „Kostenschätzung im chemischen Anlagenbau" konfrontiert werden.

David Oliver Kunysz

# Haftungsausschluss

**4ING Engineering**
David Oliver Kunysz
Theodor-Heuss-Ring 124
51377 Leverkusen

Alle Angaben und Informationen in diesem Werk sind nach bestem Wissen und Gewissen zusammengestellt. Dennoch haftet der Autor/Herausgeber nicht für die Vollständigkeit, Richtigkeit, Aktualität und technische Exaktheit der bereitgestellten Informationen. Ebenso wenig haftet er für etwaige Schäden. Der Autor behält sich das Recht vor, jederzeit und ohne vorherige Ankündigung Änderungen oder Ergänzungen der Informationen und Bestandteile vorzunehmen.

# Inhaltsverzeichnis

# Abkürzungsverzeichnis und Begriffsdefinition

## Abkürzungen

| | |
|---|---|
| AACE | American Association of cost engineering |
| AG | Auftraggeber |
| AN | Auftragnehmer |
| CAD | Computer-aided design |
| Capex | Capital expenditure = Investionsausgaben |
| DIN | Deutsche Industrie-Norm |
| EPC | Engineeering, Procurement and Construction |
| EQP | Equipment: Apparate, Maschinen und Ausrüstungsgegenstände |
| FEL | Front End Loading, s. Begriffsdefinitionen |
| HOAI | Honorarordnung für Architekten- und Ingenieurleistungen |
| P&ID | Piping & instrumentation Diagram |
| PFD | Process Flow Diagram |
| STB | Stahlbau |
| VT | Verfahrenstechnik (-technische) |

## Begriffsdefinitionen

| | |
|---|---|
| Brown Field | Bauen im Bestand, mit vorhandener Infrastruktur |
| Change Order | Änderungsauftrag/-vermerk zwischen AG und AN |
| Claim Management | Überwachung und Beurteilung von Abweichungen gegenüber von Vertragsleistungen/dem Lieferumfang. Durchsetzung von zusätzlicher/mindernden Leistungen |

| | |
|---|---|
| Engineering | Ingenieurstätigkeiten, Ausarbeitung technischer Dokumente |
| FEL | Projektphasen mit abgrenzenden (vorgelagerten) Aufgaben und Zielen |
| Freezing-/Gate-Point | „Eingefrorener Punkt“, (unumkehrbare) festgehaltene Entscheidung |
| Green Field | Neubau, oft auch ohne Infrastruktur |
| Rocket Science | Neue Anlage mit neuer/unbekannter Technik/Verfahren |

# 1 Einführung

## 1.1 All engineering is cost engineering!

Wie in vielen Bereichen des Lebens, spielen auch im Berufsfeld des Ingenieurs die Wirtschaftlichkeitsfragen eine entscheidende Rolle. Vor jeder Planung und Errichtung einer verfahrenstechnischen Anlage muss die Wirtschaftlichkeit hinsichtlich der Investitions- und Produktionskosten betrachtet werden. Man muss „schätzen", Erfahrungen umsetzen, Daumenregeln anwenden und, im Zweifelsfall, durch einen intensiven „Blick aus dem Fenster" Entscheidungen treffen.

Die Schätzung des fixen Kapitalbedarfs und der Produktionskosten einer verfahrenstechnischen Anlage und ebenso die Angebotserstellung von Engineering-Dienstleistern zur Planungsausführung stellen bereits am Anfang wichtige Entscheidungskriterien bei der Umsetzung von Projekten dar. Schon zu Beginn bindet der Vorgang der Kostenschätzung und Angebotserstellung Ressourcen, oft ohne dass eine positive Projektentscheidung getroffen worden ist. Durch die zunehmende Komplexität der Projekte, mit ihrer technischen Aufgabenstellung, ihren Preissteigerungen und -schwankungen (Equipment/Material und Lohnkosten) sowie durch die verstärkte internationale Ausrichtung und den stetig wachsenden internationalen Konkurrenzdruck, gewinnt die Kostenschätzung in den frühen Projektphasen immer mehr an Bedeutung. Dabei hat die Qualität der oft unter Zeitdruck und mit geringer Planungstiefe erstellten Projektkalkulation wesentlichen Einfluss auf den wirtschaftlichen Erfolg der neuen Anlage und erfordert eine geeignete Schätzmethode mit der die Kosten – in Abhängigkeit von der Planungstiefe – möglichst, bzw. ausreichend genau, ermittelt werden können.



D. O. Kunysz, *Kostenschätzung im chemischen Anlagenbau*, essentials,
https://doi.org/10.1007/978-3-658-29251-5_1

# 2 Projektphasen und Einflussmöglichkeiten

## 2.1 Klassische Projektphasen

Im klassischen oder traditionellen deutschsprachigen Anlagenbau orientieren sich die Projektierungsphasen an den Leistungsphasen der HOAI.

Dabei wird im klassischen Sinne zwischen zwei Entscheidungszeiträumen und 9 Projektphasen unterschieden (vgl. Abb. 2.1). Die wichtigste Entscheidung wird nach den Projektphasen 3/4/5, beziehungsweise vor Phase 6 getroffen. Alle Entscheidungen bis zur Ausführungsphase sind „vorläufig", und können grundsätzlich abgebrochen werden, da hier noch relativ geringe Projektkosten angefallen sind. Nach dieser Phase besteht ein verbindliches Konzept *(Freezing Point)*, und die Investitionsentscheidung ist grundsätzlich endgültig. Nach und während der Ausführungsplanung beginnen die Beschaffungen (insbesondere der „Langläufer") und teilweise auch schon die ersten Bauaktivitäten. Nach mechanischer Fertigstellung erfolgt die Inbetriebnahme der verfahrenstechnischen Anlage.

## 2.2 Moderne Projektphasen

Eine moderne Beschreibung der Projektphasen aus dem englischsprachigen Raum stellt das Front-End-Loading, auch FEL genannt, dar. Hierbei erfolgen alle Planungsschritte bis hin zur Investitionsentscheidung (Ende Phase 5) mit einer erhöhten Planungstiefe. Dadurch werden Änderungen während der nachfolgenden Phasen verringert, und das Risiko der Kosten- und Terminüberschreitung sinkt. Nachteil dieser Methode sind die höheren Planungskosten, insbesondere bei einer Entscheidung gegen das Projekt [vgl. KHWB-14]. Das FEL



D. O. Kunysz, *Kostenschätzung im chemischen Anlagenbau*, essentials,
https://doi.org/10.1007/978-3-658-29251-5_2

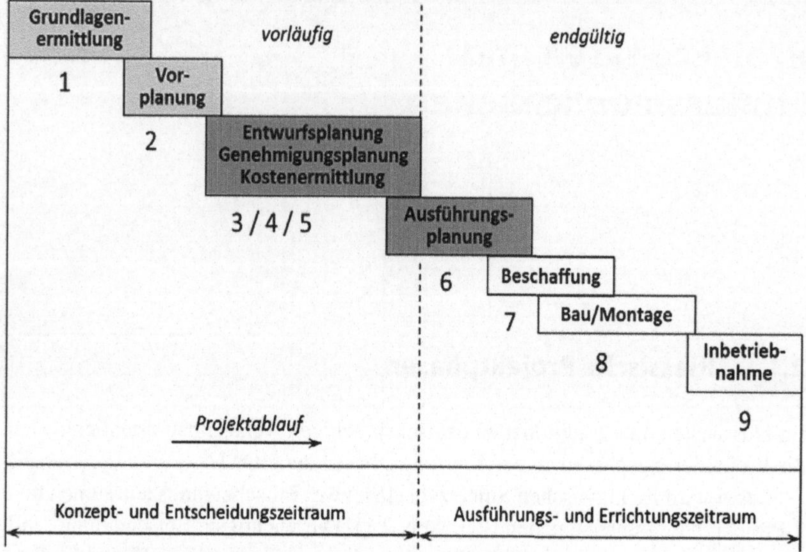


**Abb. 2.1** Projektphasen im VT Anlagenbau in Anlehnung an die HOAI [KHWB-14]

**Tab. 2.1** Gegenüberstellung der Projektphasen FEL und HOAI

| Projektphase FEL | Projektphase HOAI |
|---|---|
| FEL I | Phase 1 |
| FEL II | Phase 2 |
| FEL III | Phase 3, 4 und 5 |
| EPC | Phase 6, 7 und 8 |
| Start up | Phase 9 |

ist in drei Phasen unterteilt und unterscheidet sich von den klassischen Projektphasen insofern, dass die Phasen 3–5 (Entwurfsplanung – Kostenermittlung) zur Phase FEL 3 zusammengeführt worden sind. Eine genaue Definition der Projektphasen, wie etwa die DIN276 im Bauwesen, existiert nicht. Tab. 2.1 zeigt den Vergleich der beiden Projektphasenmodelle.

## 2.3 Einflussmöglichkeiten

In den frühen Phasen des Projekts ist der Einfluss auf die Gesamtprojekt- und Anlagekosten am größten. Man entscheidet mit verhältnismäßig geringen Planungskosten über die verhältnismäßig hohen Folgeausgaben (Investitions-, Betriebs- und Instandhaltungskosten). Aus diesem Grund ist die Festlegung von optimierten Anlagenkonzepten von besonderer Bedeutung, denn eine in diesen Phasen falsch konzipierte Anlage zieht erhebliche Kosten nach sich. Abb. 2.2 zeigt die Kostenwirksamkeit der Entscheidungen in Abhängigkeit der Projektphasen.

## 2.4 Planungstiefe und Schätzgenauigkeiten

Wie bereits aufgezeigt, haben Fehlentscheidungen in frühen Projektphasen einen erheblichen Einfluss auf die Folgekosten. Deshalb ist der Projektträger stets bestrebt, in jeder Projektphase möglichst genaue Kosteninformationen über das Projekt, beziehungsweise des favorisierten Anlagenkonzepts, zu erhalten. Demgegenüber steht der Wunsch des Projektträgers, die Planungskosten vor

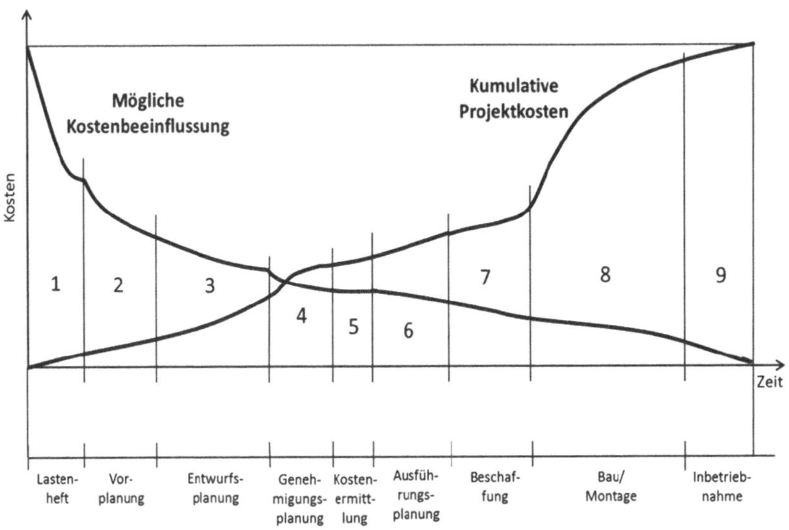


**Abb. 2.2** Kostenbeeinflussung während der Projektphasen [KHWB-14]

der Investitionsentscheidung möglichst gering zu halten. Naturgemäß steigt die Schätzgenauigkeit mit steigender Informationsdichte und -genauigkeit. Abb. 2.3 stellt eine Auswertung für Projekte zwischen 2,5 und 12,5 Mio. € grafisch dar (nach [PRIZ-85]).

Aus der Untersuchung lassen sich noch weitere Rückschlüsse ziehen. Der Planungstunnel in Abb. 2.3 zeigt auf, dass sich die Schätzgenauigkeit bei Planungstiefen ab etwa 20 % nur noch mit einem erheblichen Mehraufwand verbessern lässt [vgl. PRIZ-85]. Des Weiteren stellt die Abb. 2.3 den „klassischen" symmetrischen Planungstunnel dem aktuelleren, asymmetrischen Planungstunnel der AACE [KETH-05] gegenüber. Hierbei sind die möglichen Abweichungen der Schätzgenauigkeit, beziehungsweise der Projektkosten, nach oben größer als nach unten. Dies kann mit der erhöhten Konkurrenzsituation und dem „State of the Art" bei der Projektabwicklung begründet werden. Um einen Auftrag zu erhalten, bieten Lieferanten ihre Lieferungen und Leistungen möglichst günstig an, um dann im späteren Verlauf des Projekts, nach Erhalt der Beauftragung, durch das Claims Management und deren Change Order einen Gewinn zu erwirtschaften.

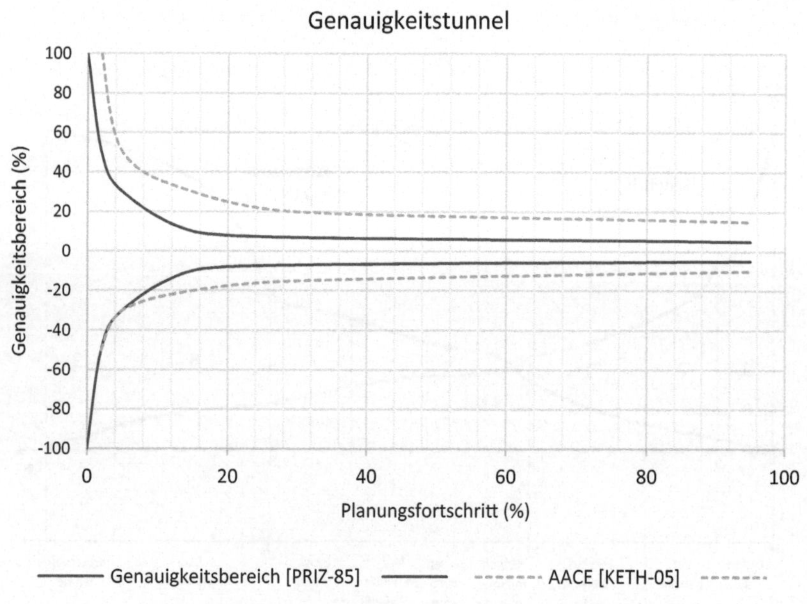


**Abb. 2.3** Schätzgenauigkeit und Planungstiefe nach [PRIZ-85] und AACE [KETH-05]

**Tab. 2.2** Genauigkeitsklassen nach AACE [KETH-05] und [PRIZ-85]

| Genauigkeitsklasse | Projektphase/-fortschritt | | Genauigkeit (AACE) (%) | Genauigkeit [PRIZ-85] (%) |
|---|---|---|---|---|
| Class 5 | 1 | <2 % | −50/+100 | |
| Class 4 | 2, FEL I | 1–5 % | −30/+50 | ±50 |
| Class 3 | 3, FEL II | 10 %–40 % | −20/+30 | ±30 |
| Class 2 | 5, FEL III | 30 %–70 % | −15/+20 | ±10 |
| Class 1 | 8, EPC | 50 %–95 % | −10/+15 | ±5 |

Bedingt durch die Globalisierung und der Bestrebung einer internationalen Standardisierung der Schätzgenauigkeiten wurden von der AACE Genauigkeitsklassen in Abhängigkeit der Planungstiefe definiert [KETH-05]. In Tab. 2.2 sind die Genauigkeitsklassen der AACE aufgeführt.

Die von [PRIZ-85] beschriebenen Genauigkeitsbereiche für die jeweiligen Projektphasen, entsprechen in etwa auch den erwarteten Genauigkeiten großer deutscher Chemieunternehmen. Sie können jedoch auch sehr variieren. Es hängt von den Anforderungen des Unternehmens, den unternehmensinternen Definitionen der Projektphasen und der dabei vorzulegenden Dokumente für die „Gate- oder Freezing-Point“-Prozesse ab. Die Übergänge können fließend sein. Des Weiteren hängt es stark von der Investitionssumme und Komplexität des Projekts sowie der Prozesserfahrung ab (Rocket-Science, Wiederholungsanlange, Green- oder Brownfield). Eine klare Abgrenzung ist schwierig und sollte für jedes Projekt neu bewertet werden.

## 2.5 Kostenstruktur verfahrenstechnischer Anlagen

Zur Kostenschätzung einer verfahrenstechnischen Anlage ist ein struktureller Aufbau der Kostenträger sinnvoll. Dabei kann der finanzielle Bedarf den Kosten einer Position zugeordnet und gegebenenfalls „Kostentreiber“ lokalisiert werden. Weiterhin lassen sich durch eine Standardisierung Projekte miteinander vergleichen und eine spätere Nachkalkulation vereinfachen. Die Übersicht zeigt die Kostenstruktur einer verfahrenstechnischen Anlage nach [PETI-03]. Die direkten Kosten beinhalten den finanziellen Bedarf für die dauerhafte Ausrüstung der Anlage. Die indirekten Kosten beinhalten den finanziellen Bedarf, der zur Planung und Errichtung der verfahrenstechnische Anlage notwendig ist.

**Kostenstruktur einer verfahrenstechnischen Anlage (Fixe Investitionskosten)**

Direkte Kosten

- Equipment
- Equipment-Montage
- Mess- und Regelungstechnik (montiert)
- Rohrleitungen (montiert)
- Elektrische Einrichtungen (montiert)
- Gebäude
- Erschließungskosten
- Versorgungsanlage (montiert)

+ Indirekte Kosten

- Engineering und Überwachung
- Bau und Montage
- Anwaltskosten
- Honorare
- Unvorhergesehenes

= Fixe Investitionskosten

# 3 Darstellung und Beschreibung der Schätzmethoden

Um eine Entscheidung über den Projektfortgang in den jeweiligen Projektphasen zu treffen, ist die Kostenermittlung wesentlich bei der Abwicklung von Investitionsprojekten im Anlagenbau. Dabei hat sich für die Kostenermittlung der englische Fachbegriff des *Cost Engineering* als Oberbegriff für die Kostenermittlung etabliert. Das Cost Engineering umfasst dabei die Bereiche der Kostenschätzung *(Cost Estimation)*, Kostenkalkulation *(Cost Calculation)*, Kostenverfolgung *(Cost Controlling)* und die Nachkalkulation *(Post Calculation)*. Für das Cost Estimation bedarf es in Abhängigkeit von den Projektphasen (Abschn. 2.1) einer schrittweisen Erhöhung der Schätzgenauigkeit. Die erreichbare Genauigkeit (Abschn. 2.2) hängt von der Planungstiefe (Abschn. 2.2) ab. Dafür wurden in der Vergangenheit von diversen Autoren unterschiedliche Methoden entwickelt und publiziert. Grundsätzlich lassen sich die Schätzmethoden in vier Kategorien einteilen, wobei von einigen Methoden Derivate existieren, oder es wird eine Kombination von ihnen angewandt. Zu unterscheiden sind:

I. Kapazitätsmethode
II. Strukturmethode
III. Modulmethode
IV. Detailmethode

Bedingt durch die Herangehensweise und den erforderlichen Projektunterlagen zur Durchführung der jeweiligen Methode können diese hinsichtlich ihrer Genauigkeit und des Arbeitsaufwandes, wie in Abb. 3.1 dargestellt, geordnet werden.

In den nachfolgenden Kapiteln werden die Schätzmethoden vorgestellt und kurz erläutert.

 
D. O. Kunysz, *Kostenschätzung im chemischen Anlagenbau*, essentials,
https://doi.org/10.1007/978-3-658-29251-5_3

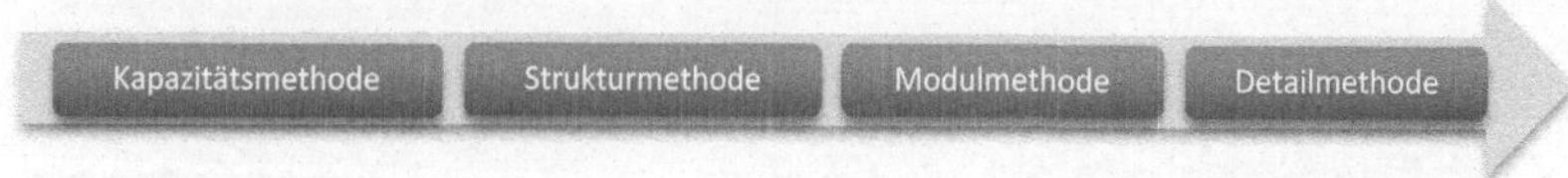


**Abb. 3.1** Genauigkeitsrangfolge der Kostenschätzmethoden

## 3.1 Kapazitätsmethode

Kostenschätzungen nach einem Kapazitätsverfahren werden oft in den sehr frühen Projektphasen angewendet. Die Verfahren basieren auf Durchsätzen oder Produktionsleistungen, von denen spezielle Kennzahlen abgeleitet werden. Sie erfordern nur wenig Information, und der Planungsgrad beträgt in etwa 0–2 %. Ihre Genauigkeit wird von [MSJS-93] mit ±30/±50 % angegeben.

### 3.1.1 Kapitalumschlagskoeffizient

Der Kapitalumschlagskoeffizient des Anlagenkapitals ist definiert als Quotient aus Jahresumsatz und Anlagenkapitalbedarf. Die Quotienten lassen sich der Literatur entnehmen oder aus unternehmensinternen Daten ableiten.

$$\text{Kapitalumschlagskoeffizient } (U) = \left( \frac{P[€/\text{t}] \times K[\text{t/a}]}{\text{Anlagenkapitalbedarf } [€]} \right) \tag{3.1}$$

$P$ Verkaufspreis in €/t
$K$ Kapazität in t/a

Die Schätzung des Anlagenkapitalbedarfs erfolgt nach Umstellung der Gleichung gemäß Gl. 3.2.

$$\text{Anlagenkapitalbedarf } [€] = \left( \frac{\text{Jahresumsatz } [€]}{\text{Kapitalumschlagskoeffizient } (U)} \right) \tag{3.2}$$

Vorteile dieser Methode sind die schnelle Durchführbarkeit bei geringer Planungstiefe. Die Genauigkeit dieser Schätzmethode ist jedoch begrenzt. Sie dient vor allem zur Ermittlung von Orientierungswerten und ist der Überschlagsschätzung zuzuordnen. Nachteile dieser Methode und Kritikpunkte wurden in [MSJS-93] beschrieben und können wie folgt zusammengefasst werden:

I. Der Kapazitätseinfluss bleibt unberücksichtigt, (Gl. 3.2) beschreibt eine lineare Abhängigkeit von Kapazität und Investitionskosten.
II. Der Integrationsgrad bleibt unberücksichtigt, es erfolgt keine Unterscheidung zwischen Neuanlagen, Integration im Werkskomplex oder der Anlagenerweiterung.
III. Die Erlöse von Nebenprodukten werden nicht berücksichtigt.
IV. Der Wiederholungsfaktor Anlage/Prozess und die Datengewinnung der Kennzahl

In Tab. 3.1 sind Verkaufspreise und Umschlagskoeffizienten einiger wichtiger Primärchemikalien aufgeführt.

Der Mittelwert des Kapitalumschlagskoeffizienten für die chemische Industrie beträgt etwa 1,0. Bei höheren U-Werten nehmen die Rohstoffkosten einen besonders hohen Anteil an den Gesamtkosten ein und es wird ein hoher Verkaufspreis erzielt. Niedrigere U-Werte kennzeichnen Prozesse mit hohem Veredlungsgrad der günstigen Rohstoffe, bei hohem Automationsgrad oder geringem Marktpreis [KÖLB-60].

### 3.1.2 Degressionsexponenten

Eine weitere einfache und oft verwendete Investitionskostenschätzmethode wird mittels Degressionsexponenten durchgeführt. Mit Einschränkungen bietet sie die Möglichkeit, ohne hohen Aufwand, bekannte Kosten für eine Investition auf eine

**Tab. 3.1** Umschlagskoeffizient und Preise einiger Chemikalien

| | [MSJS-93] | | | [CHWZ-18] | [STBA-11] | [KÖLB-60] |
|---|---|---|---|---|---|---|
| Erzeugnis | Preis DM/t | Kapazität t/a | *U* | Preis €/t | Preis €/t | *U* |
| Ammoniak | 238 | 330.000 | 0,75 | – | – | 0,35 |
| Acetaldehyd | 985 | 50.000 | 2,07 | – | – | 4,15 |
| Benzol | 527 | 260.000 | 5,69 | 752 | 544 | – |
| Butanol | 879 | 100.000 | 1,49 | – | 1110 | 0,75 |
| Ethylen | 779 | 300.000 | 0,61 | 1064 | 416 | – |
| Methanol | 198 | 330.000 | 0,72 | – | 202 | 0,37 |
| Schwefelsäure | 114 | 330.000 | 1,07 | – | 47 | 1,50 |

abweichende Kapazität oder Größe abzuschätzen. Die Methode kann sowohl für Equipment & Ausrüstungsgegenstände als auch für ganze Prozesse der chemischen Industrie verwendet werden.

$$\frac{\text{Investition}_{\text{Neu}}\ [€]}{\text{Investition}_{\text{Alt}}\ [€]} = \left(\frac{\text{Kapazität}_{\text{Neu}}\ [x]}{\text{Kapazität}_{\text{Alt}}\ [x]}\right)^m \tag{3.3}$$

*m* Degressionsexponent
x Relevanter Parameter der Komponente/des Prozesses

Die Degressionskoeffizienten schwanken je nach Anlagenkomponente oder Prozess zwischen 0,3 und 0,9. Es können durchaus auch Werte bis 1,2 erreicht werden. Der Durchschnittswert für den Degressionskoeffizienten *m* liegt zwischen 0,6 und 0,7 [vgl. KÖLB-60, PETI-03]. In Tab. 3.2 werden Degressionskoeffizienten für eine Auswahl von typischen Anlagenkomponenten vorgestellt.

Diese Methode ermöglicht auch gemäß Gl. 3.3 in Kombination mit den spezifischen Preisindizes (siehe Abschn. 4.2) die überschlägige Umrechnung aus ver-

**Tab. 3.2** Degressionskoeffizienten Anlagenkomponenten [PETI-03]

| Equipment | Größenbereich | Leistungseinheit | Exponent [m] |
|---|---|---|---|
| Mischer | 1,4–7,1 | $m^3$ | 0,49 |
| Gebläse | 0,5–4,7 | $m^3/s$ | 0,59 |
| Schneckenzentrifuge | 7,5–75 | kW | 0,67 |
| Vakuum-Kristaller | 15–200 | $m^3$ | 0,37 |
| Kolbenkompressor | 0,005–0,19 | $m^3/s$ | 0,69 |
| Rotationskompressor | 0,05–0,5 | $m^3/s$ | 0,79 |
| Trockner (Vakuum) | 1–10 | $m^2$ | 0,40 |
| Verdampfer, horizontal | 10–1000 | $m^2$ | 0,54 |
| Rohrbündelwärmetauscher | 10–40 | $m^2$ | 0,60 |
| Motor, 440 V, EX-Schutz | 4–15 | kW | 0,69 |
| Hubkolbenpumpe inkl. Motor | 0,36–21,6 | $m^3/h$ | 0,34 |
| Kreiselpumpe inkl. Motor | 3–30 | kW | 0,33 |
| VA Reaktor (o. Motor), 20bar | 0,4–4,0 | $m^3$ | 0,56 |
| Tank, Schwimmdach | 0,4–40 | $m^3$ | 0,49 |
| Glockenböden | 1–3 | m | 1,20 |

gangenen Preisen von Anlagenkomponenten oder aus vergangenen Projekten auf die aktuellen Preise mit neuer Kapazität.

$$\text{Investition}_{\text{Neu}}\,[€] = \text{Invest}_{\text{Alt}}[€] \times \left(\frac{\text{Index}_{\text{Neu}}}{\text{Index}_{\text{Alt}}}\right) \times \left(\frac{\text{Kapazität}_{\text{Neu}}[\text{x}]}{\text{Kapazität}_{\text{Alt}}[\text{x}]}\right)^{m} \tag{3.4}$$

In diversen Publikationen [PETI-03, KÖLB-60, MSJS-93] wurden auch Degressionskoeffizienten veröffentlicht, die der Kapitalabschätzung ganzer Prozesse oder Produkte dienen (vgl. Tab. 3.3).

Vorteile dieser Methode sind ebenfalls die schnelle Durchführbarkeit bei geringer Planungstiefe, die Vielzahl vorhandener Literatur sowie die Umrechnung mittels Preisindizierung aus früheren Projekten. Die Genauigkeit dieser Schätzmethode ist, wie für diese Methodengruppe üblich, entsprechend begrenzt. Sie dient vor allem zur Ermittlung von Orientierungswerten und ist der Überschlagsschätzung zuzuordnen. Nachteile dieser Methode wurden in [MSJS-93] beschrieben und können wie folgt zusammengefasst werden:

**Tab. 3.3** Degressionskoeffizienten von Prozessanlagen

| Produkt/Prozess | Typ. Anlagengröße [t/a] (1*) | Investitionskosten [k$] (1*) | Kapazitätsbereich [t/a] (2*) | Exponent [m] (1*)/(2*) |
|---|---|---|---|---|
| Aceton | 100.000 | 33.000 | 3000–300.000 | 0,45/0,50 |
| Ammoniak | 100.000 | 29.000 | 37.000–590.000 | 0,53/0,72 |
| Ammoniumnitrat | 100.000 | 6000 | 15.000–300.000 | 0,65/0,63 |
| Butanol | 50.000 | 48.000 | 11.000–365.000 | 0,40/0,54 |
| Chlor | 50.000 | 33.000 | 37.000–365.000 | 0,45/0,62 |
| Ethylen | 50.000 | 16.000 | 12.000–70.000 | 0,83/0,70 |
| Ethylenoxid | 50.000 | 59.000 | 18.000–292.000 | 0,78/0,96 |
| Essigsäure | 10.000 | 8000 | 2000–20.000 | 0,68/0,71 |
| Formaldehyd | 10.000 | 19.000 | 16.000–365.000 | 0,55/0,71 |
| Phosphorsäure | 5000 | 4000 | – | 0,60/0,64 |
| Propylen | 10.000 | 4000 | 3000–30.000 | 0,70/0,71 |
| Salpetersäure | 100.000 | 8000 | 18.000–365.000 | 0,60/0,64 |
| Schwefelsäure | 100.000 | 4000 | 7000–365.000 | 0,65/0,64 |

(1*) [PETI-03], (2*) [MSJS-93]

I. Fehlende oder ungenaue Angaben zum Produkt und zum verwendeten Prozess.
II. Oft fehlende Angaben über den Gültigkeitsbereich der Koeffizienten.
III. Stark streuende Literaturangaben.
IV. Meist nur auf Standardprozesse anwendbar.

## 3.2 Modulmethode

Bei einem etwas neueren und moderneren Ansatz erfolgt die Investitionskostenschätzung mittels Modulen und wird in [UWST-08] sowie weiteren Veröffentlichungen beschrieben. Bei dieser Methode wird die gesamte Anlage in zahlreiche Module unterteilt und dann für das jeweilige Modul die Kosten ermittelt (Abb. 3.2). Je nach Vorgehen, können dies ganze Verfahrensschritte wie „Trennen mittels Rektifikationskolonne" (Prozessmodule) oder einzelne Anlagenkomponenten wie Rührwerksbehälter oder Pumpenstationen (Equipmentmodule) sein.

Die Methode erlaubt es, die einzelnen Module wie bei einem „Baukasten" immer wieder neu zu ganzen Prozessen zu kombinieren und hierfür die Kosten abzuschätzen. Die Nebenpositionen und indirekten Kosten werden je nach Datenbasis und Erfahrung durch Zuschlags- und Korrekturfaktoren oder auf Basis von Mengengerüsten ermittelt. Um den Vorteil der Flexibilität und hohen Wiederverwendbarkeit der beschriebenen Modulmethode nutzen zu können, setzt es eine hohe Standardisierung oder einen annähernd gleichen Aufbau der Equipmentmodule voraus. Dies erfordert eine ausreichend große Datenbank mit einer Vielzahl an entsprechenden Modulen, was nur über eine Auswertung abgeschlossener Projekte erfolgen kann [vgl. KHWB-14, WRÄH-16]. Bedingt durch die Vorgehensweise der Kostenschätzmethode, die Kosten auf der Grundlage von PFD's oder PID's zu ermitteln, und der daraus resultierenden Planungstiefe, kann von einer Schätzgenauigkeit nach AACE Class 3, −20 %/+30 % ausgegangen werden.

## 3.3 Strukturmethode

Die Struktur- oder auch Zuschlagskalkulationsmethode ist eines der bekanntesten Verfahren zur Abschätzung des Kapitalbedarfs von verfahrenstechnischen Anlagen und hat sich für Kostenschätzungen, die als Grundlage für wesentliche Entscheidungen über den Projektfortgang dienen, allgemein durchgesetzt [PRIZ-85]. Bei diesen Methoden wird der Kapitalbedarf mittels spezieller Faktoren auf die Apparate- und Maschinenkosten ermittelt. Das bedeutet, dass die Anwendung dieser Vorgehensweise mindestens eine technische (Grob-)Dimen-

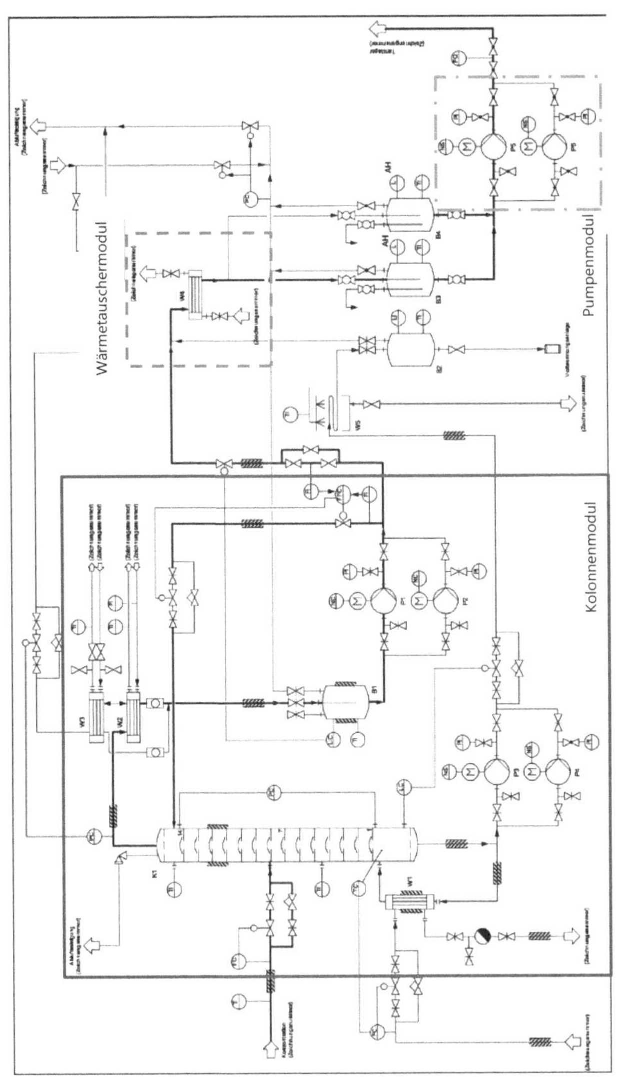


**Abb. 3.2** Beispielhafte Zerlegung eines P&ID in Module [DINI-15]

sionierung sowie wirtschaftliche Bewertung der Hauptausrüstungsgegenstände erfordert [vgl. KHWB-14, MSJS-93, PRIZ-85, KÖLB-60, ULLR-96]. Grundsätzlich lassen sich die Strukturmethoden in zwei Hauptmethoden unterteilen: 1) Die Gesamtfaktoren- und 2) die Einzelfaktorenmethode, welche nachfolgend vorgestellt werden.

## 3.3.1 Gesamtfaktorenmethode

Bei der Gesamtfaktorenmethode wird zur Ermittlung der fixen Investitionskosten die Summe der Anschaffungskosten für die Hauptausrüstungsgegenstände mit einem Gesamtfaktor multipliziert. Mit diesem Faktor werden die Kosten für die gesamte Anlage abgeschätzt.

$$\text{Investitionskosten} = \text{Faktor} \times \sum \text{Equipmentkosten} \tag{3.5}$$

1990 ergab eine Auswertung für die BRD einen Gesamtfaktor (ohne Planungskosten) von 2,88 für Petrochemie, 2,93 für Polymerchemie, 3,36 für Pharmazeutika und 3,99 für Farbsektor [MSJS-93], dargestellt in Abb. 3.3. Eine weitere Auswertung aus abgewickelten Projekten der BASF hatte als Resultat einen mittleren Gesamtfaktor von 3,9 für die direkten Anlagenkosten [PRIZ-85].

### 3.3.1.1 Lang

Als Erster erkannte Lang 1947, dass zwischen den Apparate- und den gesamten Anlagenkosten ein relativ konstanter Zusammenhang besteht [vgl. WRÄH-16, PRIZ-85, HBVA-99]. Aufgrund seiner Erkenntnisse entwickelte er ein Kostenschätzverfahren für durchschnittliche Anlagen mittels Faktoren und unterteilte

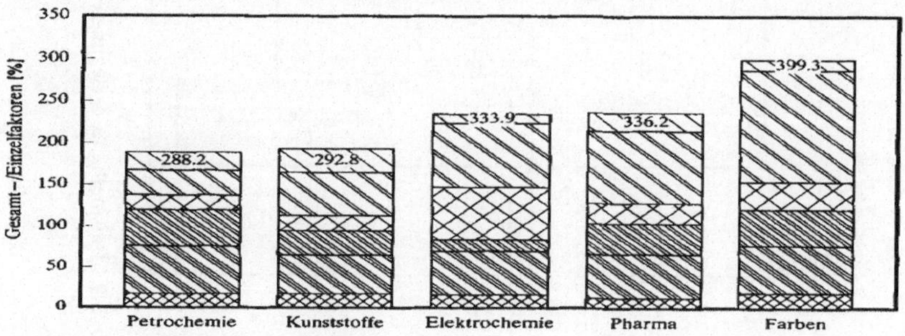


**Abb. 3.3** Auswertung von Gesamtfaktoren für die BRD 1990 [MSJS-93]

diese dabei in drei Prozesstypen nach ihrem Hauptaggregatzustand. 2007 wurden die Faktoren von Thane Brown aktualisiert [THBR-07] (vgl. Tab. 3.4).

#### 3.3.1.2 Hand

Eine verfeinerte Variante der Gesamtfaktorenmethode wurde von Hand veröffentlicht. Er erweiterte die Methode von Lang, indem er die Hauptausrüstungsgegenstände in Gruppen einteilte und für diese jeweils die spezifischen Kosteneinflüsse berücksichtigte.

$$\text{Invest.Kosten} = \sum \left(\text{Equipmentkosten} \times \text{Komponentenfaktor}_{\text{Hand}}\right) \quad (3.6)$$

1992 wurden die Hand-Faktoren vom Komitee der AACE angepasst [KETH-05] (vgl. Tab. 3.5).

**Tab. 3.4** Lang-Faktoren nach [KETH-05] (1*), [THBR-07] (2*)

| Anlagentyp | Original Faktoren (1*) | Neue Anlage/ neuer Standort (2*) | Neue Anlage/ vorh. Standort (2*) | Erweiterung/ vorh. Standort (2*) |
|---|---|---|---|---|
| Fest | 3,10 | 3,2 | 2,7 | 2,6 |
| Fest/flüssig | 3,63 | 3,5 | 3,3 | 3,1 |
| Flüssig | 4,74 | 4,5 | 4,2 | 4,1 |

**Tab. 3.5** Aktualisierte Hand-Faktoren nach [KETH-05]

| Ausrüstungsgegenstand | Hand-Faktor |
|---|---|
| Kolonnen | 4,0 |
| Kolonnenböden | 2,5 |
| Druckbehälter | 3,5 |
| Wärmetauscher | 3,5 |
| Öfen | 2,5 |
| Pumpen | 4,0 |
| Verdichter | 3,0 |
| Instrumente | 3,5 |
| Sonstige Apparate und Maschinen | 2,5 |

#### 3.3.1.3 Korrekturfaktoren

Mit fortschreitender Entwicklung ändert sich zum Teil die Kostenstruktur einer chemischen- oder petrochemischen Anlage. Die Anlagen werden mit einem höherer Automatisierungsgrad ausgestattet, und es werden höherwertige Werkstoffe verwendet. Bedingt dadurch, dass „die Lang-/Hand-Faktoren ausschließlich auf Basis von Ausrüstungsgegenständen aus C-Stahl entwickelt wurden" [vgl. THBR-07] und dass Hand die MSR separat erfasst hat [vgl. HBVA-99], ist es notwendig, für die zuvor genannten Schätzverfahren Korrekturfaktoren zu integrieren, da sonst die gesamten Anlagenkosten überproportional ansteigen. Tab. 3.6 zeigt den Instrumenten-Faktor nach Thane Brown, 2007 [THBR-07].

Der Werkstoffkorrekturfaktor ($F_m$) lässt sich über das Kostenverhältnis der Legierung zum C-Stahl ermitteln. Aufgetragen in einem Diagramm mit doppellogarithmischer Aufteilung erhält man Abb. 3.4.

Stehen keine aktuellen Stahl- und Legierungspreise zur Verfügung, können auch die in diversen Literaturen veröffentlichten Quotienten übernommen und verwendet werden. In Tab. 3.7 sind Materialkorrektur-Faktoren einiger wichtiger Apparate in Abhängigkeit des Legierungs-/C-Stahl-Verhältnisses abgebildet.

Des Weiteren ist für die Methode nach Hand ein Korrektur-Faktor für Gebäude ($F_b$) anwendbar (Tab. 3.8). Grund dafür ist, dass die von Hand entwickelten Faktoren die Kosten für Gebäude nicht beinhalten.

Ergänzt man die Methoden mit den Korrektur-Faktoren zur Ermittlung der fixen Investitionskosten, erhält man für Lang (Gl. 3.7) und Hand (Gl. 3.8) folgende Gleichungen:

$$\text{Invest.-Kosten} = \text{Faktor}_{\text{Lang}} \times F_m \times F_i \times \sum (\text{EQP-Kosten}) \tag{3.7}$$

$$\text{Invest.-Kosten} = F_i \times F_b \times \sum (\text{Faktor}_{\text{Hand}} \times F_m \times \text{EQP-Kosten}) \tag{3.8}$$

**Tab. 3.6** Instrumenten-Faktor

| Instrumentationsart | Instrumenten-Faktor ($F_i$) |
|---|---|
| Vor-Ort-Steuerung | 1,15 |
| Regelung einer typischen Chemieanlage | 1,35 |
| Aufwendige Regelung | 1,55 |

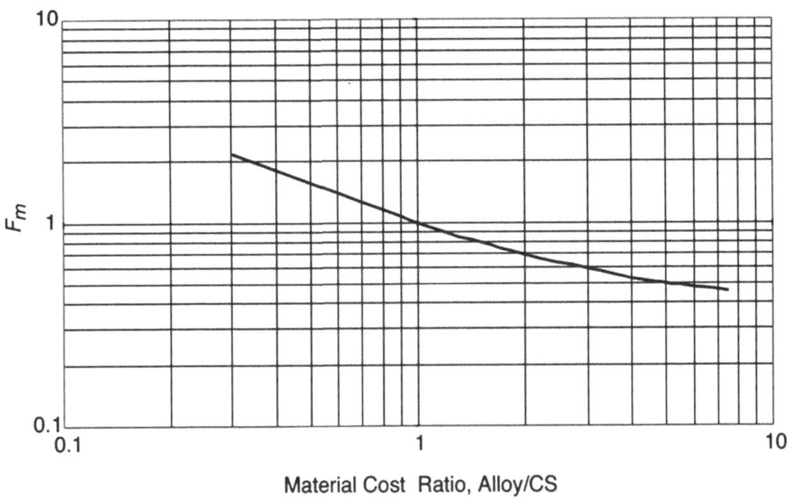


**Abb. 3.4** Werkstoffkorrektur-Faktor in Abhängigkeit von Legierungskosten [THBR-07]

**Tab. 3.7** Materialkorrekturfaktoren ($F_m$) einiger Apparate [GAUL-04]

| Apparat | Werkstoff | Werkstoffverhältnis Alloy/C-Stahl | Materialkorrektur-Faktor ($F_m$) |
|---|---|---|---|
| Druckbehälter/Kolonne | CS | 1,0 | 1,0 |
| | SS | 2,5–4,0 | 0,65–0,55 |
| | Ni | 4,5–6,1 | 0,52–0,45 |
| Rohrbündelwärmetauscher | CS | 1,0 | 1,0 |
| | SS | 3,0 | 0,6 |
| | Ni | 2,8–3,8 | 0,62–0,5 |
| Pumpen | CS | 1,0 | 1,0 |
| | SS | 1,9 | 0,72 |
| Rohrleitung | CS | 1,0 | 1,0 |
| | SS | 2,0 | 0,7 |
| | Ni | 8,5 | 0,3 |

CS = Carbon Steel/C-Stahl; SS = Stainless Steel/Edelstahl; Ni = Nickel-Legierung

**Tab. 3.8** Gebäude-Faktoren ($F_b$) nach [THBR-07]

| Anlagentyp | Neue Anlage/neuer Standort | Neue Anlage/vorh. Standort | Erweiterung/vorh. Standort |
|---|---|---|---|
| Fest | 1,68 | 1,25 | 1,15 |
| Fest/flüssig | 1,47 | 1,29 | 1,07 |
| Flüssig | 1,45 | 1,11 | 1,06 |

### 3.3.2 Einzelfaktorenmethode

Bei der Einzelfaktorenmethode wird zur Ermittlung der fixen Investitionskosten, ähnlich wie bei der Gesamtfaktorenmethode, die Summe der Anschaffungskosten für die Hauptausrüstungsgegenstände mit Zuschlagsfaktoren multipliziert. Bei der Einzelfaktorenmethode sind die Zuschlagsfaktoren jedoch differenzierter und über folgende Beziehung definiert:

$$\text{Invest.-Kosten} = \sum(\text{EQP-Kosten}) + \sum_i \left(F_i \times \sum(\text{EQP-Kosten})\right) \quad (3.9)$$

Hierbei werden für die direkten und indirekten Nebenpositionen spezifische Zuschlagsfaktoren verwendet. Vorteil dieser Methode ist, dass sie sich besser an die projektspezifischen Randbedingungen anpassen lässt und eine Berücksichtigung von unterschiedlichen Standorten, Prozessen, Werkstoffen sowie Automatisierungs- und Integrationsgraden der jeweiligen Anlage zulässt [vgl. PRIZ-85, KHWB-14, UWST-08]. Werden zum Beispiel in einer neuen Anlage höhere Rohrleitungskosten – bedingt durch größere Nennweiten oder durch lange Rohrleitungsverläufe – erwartet, so kann dementsprechend der Zuschlagsfaktor für diese Nebenposition erhöht werden. Ein weiterer Vorteil dieser Methode ist, dass sich einzelne Nebenpositionen aus spezifischen Daten (Abschn. 3.4) abschätzen lassen und dadurch den Zuschlagswert für diese Nebenpositionen ersetzt. Dies kann besonders interessant sein, wenn durch ausgewertete Projekte bessere Kalkulationssätze vorliegen. Somit wird die Schätzung noch individueller gestaltet und kann zu einer genaueren Schätzung führen. Die Anwendung dieser Methoden erfordert, wie auch bei der Gesamtfaktorenmethode, mindestens eine technische (Vor-)Dimensionierung sowie wirtschaftliche Bewertung der Hauptausrüstungsgegenstände. Die nach dieser Methode abgeschätzten fixen Investitionskosten einer Chemieanlage werden bei einer mittleren Planungstiefe und mit einem mittleren Arbeitsaufwand mit einer Schätzgenauigkeit von −20 %/+30 %, Class 3 [PETI-03], ±30 % [KHWB-14] und ±20 % [PRIZ-85, MSJS-93] angegeben, was sie für eine

Genehmigungsschätzung anwendbar erscheinen lässt [MSJS-93]. Demgegenüber stehen die Nachteile dieser Methode, wie die rein rechnerische Erhöhung der Nebenpositionen durch besonders teure Apparate sowie die Erhöhung der Ingenieurleistungen bei redundantem Equipment. Zur Differenzierung der Zuschlagsfaktoren für die Kalkulation der Nebenpositionen wurden verschiedene Vorgehensweisen untersucht [MSJS-93]. So unterteilt [PETI-03] die zu betrachtenden Anlagen nach ihrem Hauptaggregatzustand. In Tab. 3.9 sind die Zuschlagsfaktoren für eine durchschnittliche Chemieanlage nach [PETI-03] aufgeführt. Sie gelten für fixe Investitionssummen im Bereich von 1–100 Mio. US$.

Eine weitere Einteilung führte nach [PRIZ-85 MSJS-93, UWST-08] Miller, 1965 ein. Er erkannte einen Zusammenhang zwischen dem mittleren Apparate- und Maschinenwert und den Zuschlagsfaktoren für die Nebenpositionen. Eine Auswertung von 104 abgewickelten Chemieanlagen im Wert von 1–105 Mio. DM bestätigte diese Abhängigkeit [vgl. PRIZ-85].

**Tab. 3.9** Zuschlagsfaktoren für durchschnittliche Anlagen nach [PETI-03]

| Anlagentyp | Fest | Fest/Fl. | Flüssig |
|---|---|---|---|
| Direkte Kosten [%] | | | |
| Equipment | 100 | 100 | 100 |
| Equipment-Montage | 45 | 39 | 47 |
| Mess- und Regelungstechnik (montiert) | 18 | 26 | 36 |
| Rohrleitungen (montiert) | 16 | 31 | 68 |
| Elektrische Einrichtungen (montiert) | 10 | 10 | 11 |
| Gebäude | 25 | 29 | 18 |
| Erschließungskosten | 15 | 12 | 10 |
| Versorgungsanlage (montiert) | 40 | 55 | 70 |
| *Direkte Kosten, gesamt in %* | *269* | *302* | *360* |
| Indirekte Kosten [%] | | | |
| Engineering und Überwachung | 33 | 32 | 33 |
| Bau und Montage | 39 | 34 | 41 |
| Anwaltskosten | 4 | 4 | 4 |
| Honorare | 17 | 19 | 22 |
| Unvorhergesehenes | 35 | 37 | 44 |
| *Indirekte Kosten, gesamt in %* | *128* | *126* | *144* |
| Fixe Investitionskosten, gesamt in % | 397 | 428 | 504 |

## 3.4 Separate Schätzung der Nebenpositionen

Eine weitere und sehr individuelle Methode zur Beurteilung der Investitionskosten stellt die Schätzung mit spezifischen Daten dar. Hierbei kann durch separate Schätzung der Nebenpositionen ein ganzes Projekt individuell beurteilt werden oder einzelne Nebenpositionen, die bei einer vorherigen Schätzung durch die Einzelfaktorenmethode bewertet wurden, können punktuell ersetzt werden. Grundlage für die Schätzung nach diesem Verfahren können Erfahrungswerte, eine Datenbank oder Richtpreisangebote von einzelnen Gewerken oder Lieferanten sein. Sinnvoll ist die Methode überall dort, wo einzelne Nebenpositionen die gewöhnlichen unteren oder oberen Grenzwerte überschreiten. Dies kommt häufig bei den Nebenpositionen Rohrleitungs- oder Ingenieurkosten vor. [HEFI-90] beschreibt in seinem Artikel, dass besonders die Ingenieurkosten bei Projekten asymptotisch verlaufen (vgl. Abb. 3.5). Das heißt, die Ingenieurkosten verhalten sich nicht proportional zu den Projektkosten und sollten bei besonders kleinen oder besonders großen Projekten separat geschätzt werden.

Die nach dieser Methode abgeschätzten fixen Investitionskosten einer Chemieanlage werden bei einer erhöhten Planungstiefe und mit einem erhöhten Arbeitsaufwand mit einer Schätzgenauigkeit ±15 % [PRIZ-85] angegeben, was sie für eine Genehmigungsschätzung anwendbar erscheinen lässt.

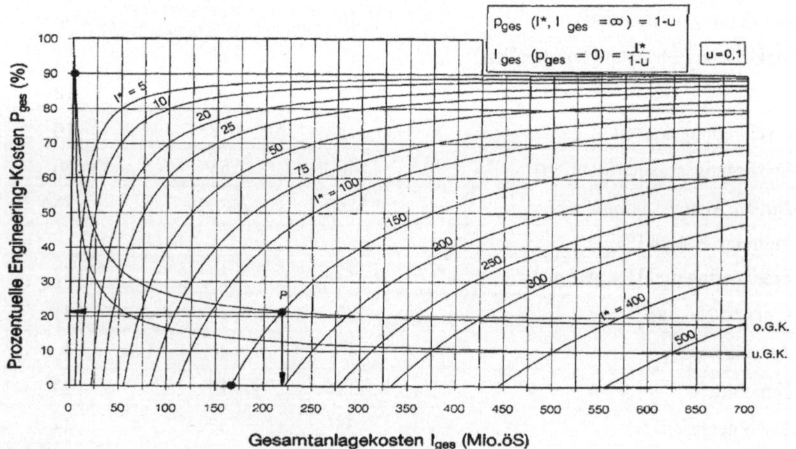


**Abb. 3.5** Streubereich der Ingenieurkosten [HEFI-90]

### 3.4.1 Rohrleitungsplanung CAD-Stunden

Zur Abschätzung der Ingenieurstunden bei der Rohrleitungsplanung mittels CAD-Tools, wird oft das Verfahren nach Holmes [HBVA-99] angewendet. Dabei werden anhand eines R&I-Fließbildes die definierten Kontenpunkte abgezählt und ausgewertet. Die Rohrleitungseinheit *R* gilt hierbei als Maßeinheit zur Abschätzung der Ingenieurstunden und ist nach Gl. 3.10 folgendermaßen definiert.

$$\text{Rohrleitungseinheit}\,(R) = 0{,}5 \cdot \sum (\text{ST} + E + U + \text{AZ}) \qquad (3.10)$$

ST Anschlussstutzen bei Apparaten und Maschinen
*E* Leitungsenden >500 mm, z. B. Blindflansche, Rohrkappen etc.
*U* Übergabepunkte, Anlagengrenzen und Rohrklassenänderungen
AZ Abzweigungen, T-Stücke, Einschweißungen etc

Keine Berücksichtigung in dieser Aufzählung finden MSR-Messstellen (PI, TI, LI etc.) auf Apparate sowie Anschlüsse einer neuen Isometrie gleicher Rohrklasse. Das Verfahren soll anhand der Abb. 3.6 erläutert werden. Stehen noch keine R&I-Fließbilder zur Verfügung, kann anhand der in Tab. 3.10 angegebenen Richtwerte für die Ausrüstungsgegenstände die R-Zahl abgeschätzt werden.

Der Planungsaufwand je Rohrleitungseinheit *R* kann mit einem Richtwert von ca. 6–12 h, je nach Aufwand, beziffert werden. Dies beinhaltet das Verlegen der Rohrleitung, inklusive Isolierung, Halterungen und Armaturen sowie die Erstellung der Isometrien.

Die ermittelte Rohrleitungseinheit *R* von 11 kann noch mit einem Sicherheitszuschlag für Unvollständigkeit und Änderungen von 1,5 multipliziert werden. Geht man von einem Planungsaufwand von 8 h je *R* aus, so erhält man einen gesamten Planungsaufwand von ca. 88 h für die Rohrleitungsplanung des R&I-Fließbild-Ausschnittes, was wiederum bei einer 40 h/Mannwoche eine Planungszeit von ca. 2 Wochen bedeutet.

### 3.4.2 Rohrleitungskosten

Die Abschätzung der Rohrleitungskosten kann auf Basis der von [PRIZ-85] vorgestellten Methode erfolgen. Hierbei werden die Kosten ausgehend von der Apparatezahl, weiteren Richtwerten und den durchschnittlichen Rohrleitungs- und Armaturenpreisen für die verwendete Nennweite und Druckstufe abgeschätzt. Gl. 3.11 zeigt, wie sich die Rohrleitungsmaterialkosten, ohne Montagekosten, nach [PRIZ-85] zusammensetzen.

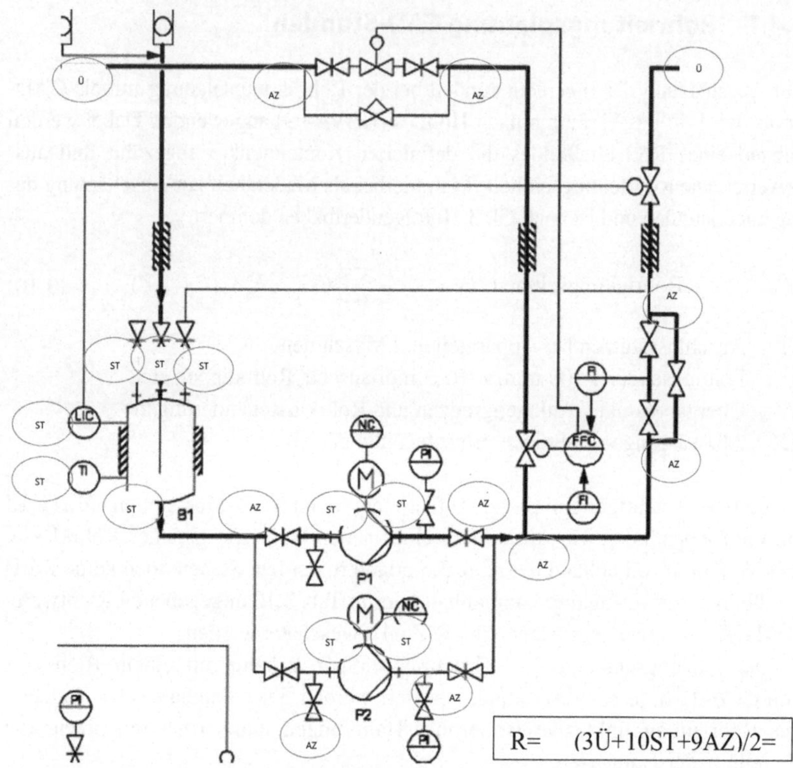


**Abb. 3.6** Darstellung des Holmes-Verfahren an einem R&I Ausschnitt [DINI-15]

**Tab. 3.10** Richtwerte für *R* je Ausrüstungsgegenstand [HBVA-99]

| Ausrüstungsgegenstand | R-Zahl |
|---|---|
| Pumpe mit Elektroantrieb | 4 |
| Pumpe mit Turbinenantrieb | 8 |
| Kolonne | 12 |
| Behälter | 8 |
| Rührwerksbehälter mit Beheizung | 12 |
| Kompressor mit Elektroantrieb | 20 |
| Kompressor mit Turbinenantrieb | 24 |
| Wärmetauscher | 6 |
| Luftkühler mit Rippenrohren | 12 |

$$R_K = z \cdot a \cdot l \cdot K_R + \left(\frac{z \cdot a \cdot l}{10}\right) \cdot b \cdot K_A \tag{3.11}$$

$R_K$ Rohrleitungskosten [€]
$z$ Anzahl der Apparate und Maschinen
$a$ Anzahl der Rohrleitungen pro Maschine/Apparat
$l$ Mittlere Rohrleitungslänge [m]
$K_R$ Durchschnittlicher Rohrleitungspreis [€/m]
$b$ Anzahl an Armaturen [1/10 m]
$K_A$ Durchschnittlicher Armaturenpreis [€/m]

Die Anzahl der Apparate und Maschinen ($z$) geht aus der Apparateliste hervor. Die durchschnittlichen Rohrleitungs- ($K_R$) und Armaturenpreise ($K_A$) ermittelt man aus alten Lieferantenangeboten, Preistafeln oder aus der Auswertung abgeschlossener Projekte. Dabei muss jedoch im Vorfeld eine durchschnittliche Nennweite, in üblichen Chemieanlagen DN50–DN100, und Druckstufe, PN10–PN16, festgelegt werden. Die weiteren Parameter können nach Erfahrung selbst bestimmt oder den Richtwerten (Tab. 3.11, 3.12 und 3.13) von [PRIZ-85] entnommen werden.

**Tab. 3.11** Rohrleitungsanzahl *a* in Abhängigkeit von der Verrohrungsdichte [PRIZ-85]

| Verrohrungsdichte der Anlage | *a* |
|---|---|
| Gering | 4 |
| Normal | 6 |
| Hoch | 7 |

**Tab. 3.12** Ø-Rohrleitungslänge *l* in Abhängigkeit von der Apparategröße [PRIZ-85]

| Apparate- und Maschinengröße | *l* [m] |
|---|---|
| Klein | 12 |
| Mittel | 18 |
| Groß | 25 |

**Tab. 3.13** Ø-Armaturenanzahl *b*/10 m Rltg. in Abhängigkeit von der Armaturendichte [PRIZ-85]

| Armaturendichte in der Anlage | *b* [1/10 m] |
|---|---|
| Gering | 1,0 |
| Normal | 1,5 |
| Hoch | 2,0 |

### 3.4.3 Ingenieurstunden für Planung und Abwicklung

Wie einleitend beschrieben, macht es durchaus Sinn, für einige Projekte den Aufwand für die Ingenieurstunden separat zu ermitteln. Die Abschätzung der indirekten Nebenposition „Engineering“, kann durch eine pauschale Abschätzung über die Anzahl der Apparate und Maschinen erfolgen oder durch eine individuelle Methode. Die beiden Vorgehensweisen sollen nachfolgend erläutert werden.

#### 3.4.3.1 Pauschale Schätzung der Ingenieurstunden

Eine einfache Methode zur Abschätzung der gesamten Ingenieurstunden ist die pauschale Stundenschätzung anhand der Anzahl von Apparaten und Maschinen. Die Anzahl der Ausrüstungsgegenstände kann der Apparateliste entnommen werden oder durch das Abzählen der Apparate und Maschinen aus den Verfahrensfließbildern. Hierbei werden redundante, bau- oder funktionsgleiche Anlagenteile, z. B. Pumpen und Wärmetauscher, jeweils als ein Apparat bewertet. Durch Multiplikation mit dem durchschnittlichen Arbeitsaufwand und dem mittleren Stundensatz erhält man die Gesamtkosten für die ingenieurtechnische Ausarbeitung und Abwicklung des Projekts [vgl. ULLR-96] (Tab. 3.14).

$$I_K = z \cdot \mathrm{AH}_Z \cdot \mathrm{PH} \tag{3.12}$$

$I_K$ Ingenieurkosten [€]
$z$ Anzahl der Apparate und Maschinen
$\mathrm{AH}_Z$ Durchschnittliche Ingenieurstunden/Apparat [h/z]
PH Mittlerer Stundensatz [€/h]

#### 3.4.3.2 Individuelle Schätzung der Ingenieurstunden

Eine individuelle, aber teilweise aufwendige Methode, ist die individuelle Abschätzung der Ingenieurstunden nach [NACO-01]. Hierbei werden die Ingenieurstunden ebenfalls anhand der Anzahl des Equipments abgeschätzt und der Wiederholungsfaktor von redundanten Systemen berücksichtigt, jedoch wird – gegenüber der pauschalen Schätzung oder insbesondere der Zuschlagskalkulation – vermehrt auf die Besonderheiten des jeweiligen Projektes und der Randbedingungen über spezielle Korrekturfaktoren eingegangen. Des Weiteren werden

**Tab. 3.14** Pauschale Richtwerte für Arbeitsstunden/Apparat

| Bezugsquelle | Durchschnittliche Ingenieurstunden/Apparat [$\mathrm{AH}_Z$] |
|---|---|
| [ULLR-96] | 500–600 h/z |

die Ingenieurstunden für die jeweilige Ingenieurdisziplin aufgeschlüsselt und können mit einem individuellen Stundensatz verrechnet werden. Nachfolgend soll die Vorgehensweise bei dieser Methode kurz erläutert und anhand von zwei Bespielen mit der Zuschlagskalkulation und der pauschalen Stundenschätzung verglichen werden. Grundsätzlich erfolgt die Schätzung der Ingenieurstunden nach dieser Methode in fünf Phasen.

I. Einteilung des EQP's in Aufwandsklassen und die Berücksichtigung von Redundanzen
II. Bestimmung der (Basis-)Ingenieurstunden
III. Aufschlüsselung der Ingenieurstunden auf die Ingenieurdisziplinen
IV. Projektspezifische Anpassung der Ingenieurstunden über Korrekturfaktoren
V. Ermittlung der gesamten Ingenieurkosten

#### 3.4.3.3 Vergleich der Ingenieurkostenschätzmethoden

Alle Schätzmethoden mögen aufgrund ihrer Durchführung und Anwendbarkeit eine Daseinsberechtigung haben, dennoch soll anhand von zwei Beispielen die wirtschaftliche Bewertung der indirekten Nebenposition *Engineering* jeder Methode dargestellt werden (Tab. 3.15). Das erste Beispiel zeigt die wirtschaftliche Bewertung bei Wärmetauschern mit hohen Wiederholungsfaktoren, wie es oft in Projekten vorkommt. Beim zweiten Beispiel werden die gesamten Ingenieurkosten für eine Musteranlage mit einem Capex von ca. 90 Mio. € aufgeführt.

Es ist sehr gut zu erkennen, dass die Zuschlagskalkulation – bedingt durch ihren hohen Zuschlagssatz von 33 % und dem dadurch proportionalen Anstieg der Ingenieurkosten – die Ingenieurkosten bei großen Projekten relativ hoch bewertet. Wie [HEFI-90] in seinem Artikel beschreibt, fallen die Ingenieurkosten asymptotisch bei steigenden Projektkosten. Somit ist eine Schätzung der Ingenieurkosten mittels Zuschlagskalkulation für besonders kleine oder große Projekte nicht zu empfehlen.

#### 3.4.3.4 Stundensätze für ingenieurtechnische Leistungen

Zur Ermittlung der Ingenieurkosten werden die geschätzten Ingenieurstunden mit einem individuellen oder mittleren Stundensatz verrechnet. In Tab. 3.16 sind Orientierungswerte für Stundensätze aus [BAUK-17] für die technische Bearbeitung aufgeführt.

**Tab. 3.15** Vergleich der Schätzmethoden für Ingenieurkosten

| Methode | | Anzahl/Kosten: | | |
|---|---|---|---|---|
| | | 1. Bsp.: Wärmetauscher (Redundant) | | 2. Bsp.: Projekt[a] |
| | | 1 WT (100.000 €) [€] | 9 WT (900.000 €) [€] | Projekt 90 Mio. € [Mio. €] |
| Zuschlag | 33 % | 33.000 | 297.000 | 29,7 |
| Pauschal | 1000 h/z, 85 €/h | 85.000 | 85.000 | 3,85 |
| Individuell | | 35.000 | 35.000 | 2,35 |

[a]Musteranlage enthält ca. 45 redundante bzw. bau- und funktionsgleiche Einheiten

**Tab. 3.16** Ingenieur-Stundensätze. (In Anlehnung BAUK-17)

| Technischer Mitarbeiter | Stundensatz[a] [€/h] |
|---|---|
| Projektleiter | 120 |
| (Fach-)Ingenieur | 90 |
| (Projekt-)Ingenieur | 70 |
| Technische Mitarbeiter/ CAD-Konstrukteur | 55 |
| Mittlerer Stundensatz | ca. 85 |

[a]Inkl. Gemeinkosten des Büros

### 3.4.4 Auslegung und Spezifikation von EQP

Für die Abschätzung der Ingenieurstunden bei der (verfahrenstechnischen) Auslegung und Spezifikation von Apparaten und Maschinen, inklusive aller Tätigkeiten wie Anfragen, Angebotsvergleiche und Vergabegespräche, sodass „bestellreife" Unterlagen vorliegen, kann auf die Richtwerte aus Tab. 3.17 zurückgegriffen werden.

### 3.4.5 Baukosten

Die Abschätzung der Kosten von chemischen Fabrikationsgebäuden erfolgt oft anhand des geschätzten Bauvolumens (€/m$^3$), der Nutzfläche (€/m$^2$) oder über grob ermittelte Massen (kg) für definierte Objekte, die mit dem jeweiligen

**Tab. 3.17** Richtwerte für Ingenieurstunden bei der Auslegung/Spezifikation von EQ

| Equipment | Auslegung [h] | |
|---|---|---|
| | [ULLR-96] | [HBAV-99] |
| Kolonne | 60 | 50–100 |
| Reaktor | 60 | 50–100 |
| Behälter | 60 | 20 |
| Lagertank | 60 | 10 |
| Standard-Wärmetauscher | 60 | 20 |
| Spezial-Wärmetauscher | 60 | 30 |
| Kompressor, Pumpen etc | 60 | 20 |
| Sonderkomponenten (z. B. Rührer) | | 10 |

**Tab. 3.18** Richtwerte für Baukosten von chemischen Fabrikationsgebäuden

| Kostenkennwert | [BKIB-01] | [BAUF-17][a] |
|---|---|---|
| Bauvolumen | 140–190 €/m³ | 150–190 €/m³ |
| Nutzfläche | 790–1050 €/m² | 450 €/m² |

[a]STB- Preis, Grundlage für Berechnung 2,60 €/kg

**Tab. 3.19** Richtwerte für STB-Konstruktionen in chemischen Fabrikationsgebäuden

| Stahlbaukonstruktion | Masse [KÖLB-60] | Preis[a] | [BAUF-17] |
|---|---|---|---|
| Hauptunterstützungskonstr. | 35 kg/m³ | 91 €/m³ | – |
| Stahltreppe | 300 kg/m | 780 €/m | 1500 €/m |
| Laufgänge | 156 kg/m² | 405 €/m² | – |
| Geländer | 16 kg/m | 42 €/m | – |

[a]STB- Preis, Grundlage für Berechnung 2,60 €/kg

Stahlbaupreis multipliziert werden. In den Tab. 3.18 und 3.19 sind Richtwerte für Baukosten der chemischen Industrie aufgeführt.

Des Weiteren gehören Korrosions- und Brandschutzmaßnahmen zu den Baukosten, die nicht vernachlässigt werden dürfen. In den Tab. 3.20 und 3.21 sind Richtwerte aufgeführt.

**Tab. 3.20** Richtwerte für den Korrosionsanstrich von Stahlprofilen [BAUF-17]

| Stahlbauprofile | Werk | | Baustelle | |
|---|---|---|---|---|
| | €/t | €/m² | €/t | €/m² |
| Schwer (HEB 600) | 210–430 | 16,8–34,4 | 400–820 | 32,0–67,0 |
| Mittel (IPE 450) | 250–520 | 14,3–29,7 | 530–1150 | 30,0–66,0 |
| Leicht (IPE 240) | 400–950 | 11,4–27,3 | 980–2250 | 28,0–64,0 |
| Geländer, Zaun | 500–1200 | 11,1–26,7 | 1250–2850 | 28,0–63,0 |

**Tab. 3.21** Richtwerte für Brandschutzmaßnahmen bei Stahlprofilen [BAUF-17]

| Feuerwiderstand | 30 min | 60 min |
|---|---|---|
| Brandschutz | €/m² | €/m² |
| Anstrich (Baustelle) | 18–25 | 40–55 |
| Spritzputz | 21–28 | 25–33 |
| Spezielle Schutzplatten | 28–38 | 35–55 |
| Sprinklersystem | 30–40 | |
| Brandmeldeanlage | 15–25 | |

### 3.4.6 MSR

Zu genaueren Abschätzung von Kosten der MSR-Einrichtungen kann anhand eines R&I-Fließbildes eine MSR-Stellenliste erstellt werden, oder es steht bereits eine (vorläufige) MSR-Stellenliste zur Verfügung. In dieser Liste muss eine Unterteilung nach örtlichen Messstellen (mit Kabel) und Regelkreisen oder Sondermessungen erfolgen. Dadurch kann eine Abschätzung der MSR-Kosten nach Erfahrungs- oder Richtwerten erfolgen. In Tab. 3.22 sind Richtpreise für MSR-Messstellen und Regelkreise aufgeführt.

## 3.5 Detailmethode

Die Kostenschätzung anhand der Detailmethode ist nach der Projektnachkalkulation die genaueste Schätzmethode und wird oft zum Ende des Detailengineering angewendet. Dieses Verfahren ist eher eine Kostenkalkulation als eine Kostenschätzung. Die Kalkulation erfolgt auf Basis verbindlicher Angebote der

**Tab. 3.22** Richtpreise für MSR-Messstellen

| MSR-Einrichtung | [ULLR-96] | [1] | [2] [€] |
|---|---|---|---|
| Örtliche Messstelle (ohne Kabel) | – | – | 500–1000 |
| Örtliche Messstelle (mit Kabel)[a] | 2500 DM | 5000 SFr | 7500 |
| Regelkreis | 25.000 DM | 15.000 SFr | 15.000 |

[a]Einbindung der Messstelle in das Prozessleitsystem; [1], [2] priv. Aussagen

Lieferanten für Apparate und Maschinen, Bauunternehmen, Rohrleitungsbauern sowie Engineering-Kontraktoren und weiteren Untergewerken. Die damit erstellte Kostenstruktur für Hauptpositionen, sowie direkte und indirekte Nebenpositionen wird oft zur Kostenkontrolle im weiteren Projektverlauf verwendet. Die Kalkulation nach dieser Methode ist jedoch mit einem sehr hohen Arbeits- und Planungsaufwand verbunden und kann nur bei genehmigten Investitionsprojekten gerechtfertigt werden. Dabei kann nach [MSJS-93] ein Genauigkeitsgrad von ±5 % erreicht werden. Die erwartete Genauigkeit von einigen großen deutschen Industrieunternehmen wird mit ±10 % angegeben.

## 3.6 Aufwendungen der Kostenschätzung

Die Erstellung einer Kostenschätzung zur Abschätzung der fixen Investitionskosten ist mit zeitlichem Aufwand und Kosten verbunden. Darunter fallen die Besprechungen für den Auftrag, etwaige Recherchen, die Aktualisierung und Erweiterung von Daten sowie dessen Bearbeitung und Auswertung. Der erforderliche Aufwand und die anfallenden Kosten der Kostenschätzung richten sich nach Projektgröße und -kosten, der geforderten Schätzgenauigkeit (Abschn. 2.3) und ob die benötigten Planungsunterlagen (Abschn. 2.3) der geforderten Schätzgenauigkeit vorliegen. Eine erste Orientierung für die Kosten einer Kostenschätzung, ohne Ausarbeitung der Planungsunterlagen, gibt Tab. 3.23 (nach [KETH-05]).

Eine grafische Darstellung der Daten aus [KETH-05] erfolgt in Abb. 3.7

Liegen die erforderlichen Planungsunterlagen zur Abschätzung der fixen Investitionskosten nicht vor, kommen zur Ausarbeitung der Planungsunterlagen weitere Kosten hinzu.

**Tab. 3.23** Kosten einer Kostenschätzung ohne Engineering [KETH-05]

| | Projektkosten [US$] | | |
|---|---|---|---|
| Genauigkeit [%] | 1.000.000 [US$] | 10.000.000 [US$] | 20.000.000 [US$] |
| −30/+50 | 1500 | 4000 | 8000 |
| −15/+30 | 6000 | 15.000 | 30.000 |
| −5/+15 | 20.000 | 50.000 | 90.000 |

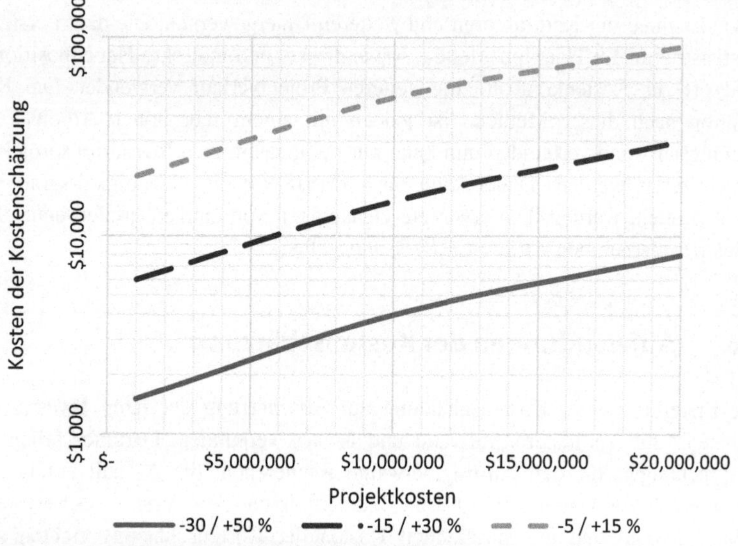


**Abb. 3.7** Kosten einer Kostenschätzung ohne Engineering

# 4 Beschreibung der Preisquellen und Kostenindizes

## 4.1 Preisquellen

Preisquellen sind veröffentlichte oder nicht veröffentlichte Preislisten von Herstellern der Apparate und Maschinen, oder von Institutionen, die Kostendaten von Projekten analysiert und ausgewertet haben. Weiter können es auch Preislisten oder Preisdatenbanken sein, die durch betriebseigene Erfahrung gesammelt worden sind. Sie dienen der Ermittlung von Richtpreisen für Hauptausrüstungsgegenständen bei der Kostenschätzung von verfahrenstechnischen Anlagen.

### 4.1.1 DACE Price Booklet

Das DACE Price Booklet ist das Preisbuch der DACE Organisation. Es wurde 1959 das erste Mal veröffentlicht und wird alle zwei Jahre aktualisiert. Es enthält Preisinformationen zum Equipment der Prozessindustrie und dient zur Erstellung von Budgetpreisen für industrielle Prozessanlagen. Grundlage des Price Booklet ist die Bewertung der tatsächlichen Kosten von kürzlich abgeschlossenen Projekten. An der DACE Organisation beteiligen sich etwa 130 Unternehmen der niederländischen Prozessindustrie [DACE-18].

### 4.1.2 Lieferantenpreisangebote

Lieferantenpreisangebote sind Preisangaben des Lieferanten für das angefragte Equipment. Sie können grundsätzlich in zwei Kategorien eingeteilt werden: 1) Die Budgetpreisangebote, also unverbindliche Schätzpreise des Anbieters oder



D. O. Kunysz, *Kostenschätzung im chemischen Anlagenbau*, essentials,
https://doi.org/10.1007/978-3-658-29251-5_4

2) die Abgabe eines bindenden Angebotspreises. Allgemein sind sie am besten in der Lage, vor allem bei aufwendigen und speziellen Ausrüstungsgegenständen, einen Schätzpreis für die von ihnen produzierte Ware abzugeben.

### 4.1.3 Weitere/eigene Preisbasis

Es können noch weitere Preisquellen zur Ermittlung von Equipment-Preisen herangezogen werden. Die Preisquellen stehen grundsätzlich nicht offiziell zur Verfügung. Üblicherweise sind dies selbst erstellte Datenbanken, die durch das Sammeln von Lieferantenpreisangeboten für Ausrüstungsgegenstände oder durch das Auswerten von abgewickelten Projekten entstanden sind.

## 4.2 Spezifische Preisindizes

Mittels Preisindizes lassen sich Preisschwankungen zu einem Bezugszeitpunkt darstellen. Ist der Preis einer technisch gleichen Einrichtung von einem früheren Zeitpunkt bekannt, so können mittels des spezifischen Index die voraussichtlichen Kosten eines Ausrüstungsgegenstands für den aktuellen Zeitpunkt berechnet werden, wie in Gl. 4.1 dargestellt.

$$\text{Akt.Kosten} = \text{Originalkosten} \cdot \left( \frac{\text{Aktueller Indexwert}}{\text{Indexwert zur Zeit der Originalkosten}} \right) \tag{4.1}$$

Verfahrenstechnische Anlagen oder Ausrüstungsgegenstände der chemischen Industrie unterliegen einer anderen Inflationsrate und können bei vergangenen Preisen nicht pauschal mit 2 % Teuerungsrate zur Ermittlung des aktuellen Preises beaufschlagt werden. Das liegt in der Tatsache begründet, dass die medial veröffentlichte Inflationsrate von ca. 2 % den Verbraucherpreisindex abbildet. Die nun vorgestellten Preisindizes wurden speziell zur Abbildung der Inflationsrate mit einem spezifischen Warenkorb für chemische und petrochemische Anlagen, Ausrüstungsgegenstände und deren verwandten Industriezweige entwickelt.

### 4.2.1 Chemie-Technik-Baupreisindex für Chemieanlagen

Der aktuell noch vierteljährlich veröffentliche CT-Preisindex wurde von H. Kölbel und J. Schulze in den 1960er Jahren entwickelt. Der Index besteht aus 6 Einzelindizes: Apparate und Maschinen, Rohrleitungen und Armaturen,

**Tab. 4.1** Gewichtung der Einzelgewerke nach Kölbel-Schulz [KÖLB-60]

| ID | Index im CT | Gewichtung (%) |
|---|---|---|
| 1 | Apparate und Maschinen | 35 |
| 2 | Formstahl | 10 |
| 3 | MSR-Einrichtung | 2,5 |
| 4 | Armaturen | 2,5 |
| 5 | Baustoffe frei Bau | 20 |
| 6 | Baulöhne | 30 |

MSR-Einrichtung, Isolierung und Anstrich, elektrotechnische Ausrüstung und Baukosten [vgl. CTBI-16]. Die Gewichtung der Einzelindizes erfolgte in Anlehnung an die in angelsächsischen Ländern veröffentlichten Indizes und setzt sich wie in Tab. 4.1 dargestellt zusammen [KÖLB-60].

Das Basisjahr des CT-Index wurde seit seiner Veröffentlichung mehrmals aktualisiert und bezieht sich zuletzt auf das Jahr 2016. So kann dieser mit dem neu entwickelten PCD-Index verglichen werden. Da das Wägungsschema der Einzelindizes nicht mehr aktuell ist, [vgl. CTBI-17] wurde der CT-Index im August 2018 durch den PCD-Index abgelöst [CTRD-18].

### 4.2.2 ProcessNet Chemieanlagenindex Deutschland (PCD)

Weil der Warenkorb und das Wägungsschema der Einzelindizes des CT-Index nicht mehr den technologischen Fortschritt widerspiegelt, wurde von dem ProcessNet-Arbeitsausschuss „Cost Engineering“ der neue ProcessNet-Chemieanlagenindex Deutschland (PCD) entwickelt. Dieser besitzt einen Warenkorb auf Basis einer durchschnittlichen Chemieanlage mit dem heutigen Stand der Technik [PNCD-18].

Der PCD-Index besteht aus 8 Hauptindizes und 38 Subindizes. Diesen werden Preisindizes des Statistischen Bundesamts (Güteverzeichnis der Produktionsstatistiken und Baupreisindex) als Vorschlagwert zugeordnet. Für den Fall, dass es keinen passenden Index vom Statistischen Bundesamt gibt, werden mehrere Indizes herangezogen und gewichtet [PNCD-18]. An dieser Stelle sollen nur die Hauptindizes aufgeführt werden. Die Gewichtung zeigt Tab. 4.2.

Das Wägungsschema resultiert aus dem Durchschnitt der Kostenschätzungen von 7 Mitgliedern des Arbeitsausschusses. Voraussetzung dafür war, dass das Planungspaket von den Teilnehmern unabhängig voneinander, unter realistischen

**Tab. 4.2** Wägungschema der Hauptindizes des PCD [PNCD-18]

| ID | Index im PCD | Gewichtung (%) |
|---|---|---|
| 1 | Gebäude und Bauwerke (Material/Lohn) | 10,9 |
| 2 | Dämmung, Beschichtung, Sicherheit-, Sanitär- und TGA-Einrichtung (Material/Lohn) | 5,4 |
| 3 | Maschinen und Apparate (Material) | 21,2 |
| 4 | Rohrleitungen, Produkt- und Energierohrnetze (Material) | 7,8 |
| 5 | Elektrische Energieversorgung (Material) | 2,5 |
| 6 | Prozessleittechnik (Material) | 10,1 |
| 7 | Montageleistung für die Nr. 3 bis 6, Montagehilfen | 15 |
| 8 | Ingenieurleistung, Montageleitung, Projektmanagement | 27,1 |

Rahmenbedingungen und nach ihrer „Best Practice"-Methode bezüglich der Kosten evaluiert wurde. Das Planungspaket umfasste eine durchschnittliche Chemieanlage mit ca. 70 Maschinen und Apparaten sowie die vollständigen Planungsunterlagen [CTBI-17]. In Abb. 4.1 wird der PCD-Index und seine Subindizes der letzten 6 Jahre dargestellt. Die Basis des Index bildet das erste Quartal 2016, da die Kosten zu diesem Zeitpunkt ermittelt wurden [PNCD-18].

Zum Vergleich werden in Abb. 4.2 der CT-Index und der PCD-Index abgebildet. Im Gegensatz zum CT-Index wächst der PCD-Index verhalten und sie driften seit 2016 auseinander. Gründe hierfür sind zum einem, dass im PCD-Index die Ingenieursleistungen mit 27 % hoch gewichtet sind und dabei deren Preisstabilität in den letzten Jahren. Zum anderen werden im klassischen CT-Baupreisindex die Ingenieur- und Planungsleistungen seit einigen Jahren nicht mehr erfasst, nachdem das Statistische Bundesamt seine Systematik verändert hatte [CTRD-18].

Des Weiteren gab es folgende Vorgaben und Ausschlüsse für die Kostenschätzung:

☑ Wiederholungsanlage/bestehenden Standort/bekannte Technologie

☑ Planungsphasen von Vorplanung bis Fertigstellung

☑ Mengengerüstbasierte Schätzung mit einer -genauigkeit von ±20 %

☑ Wechselkurse für Importe

☒ Fremdkapitalzinsen, lokale Steuern und Gebühren

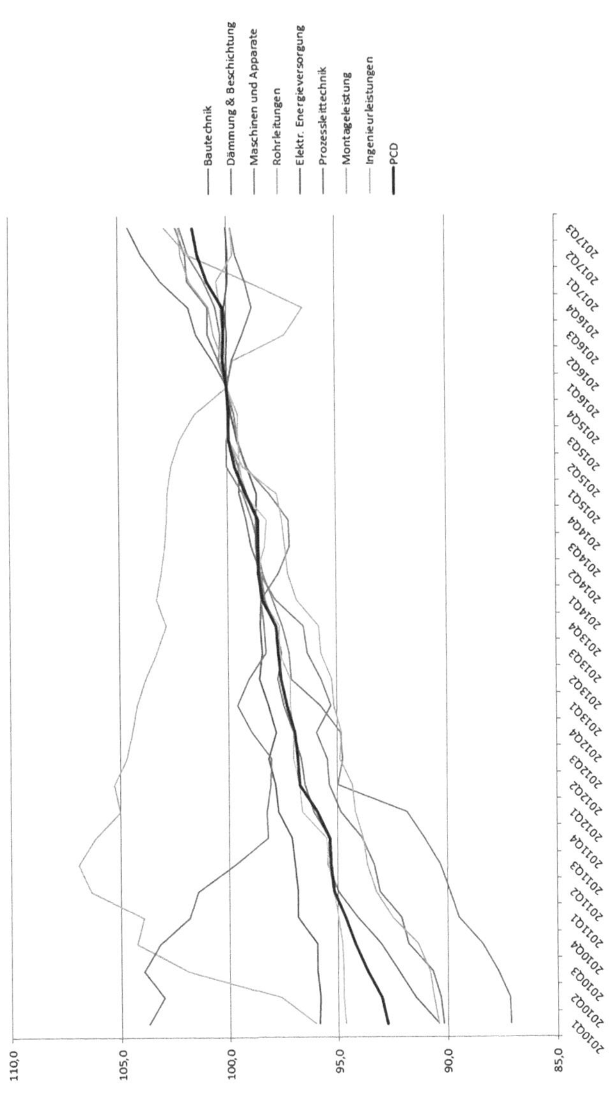


**Abb. 4.1** Verlauf des PCD-Index der letzten 6 Jahre. Basisjahr Q1-2016 [CTRD-18]

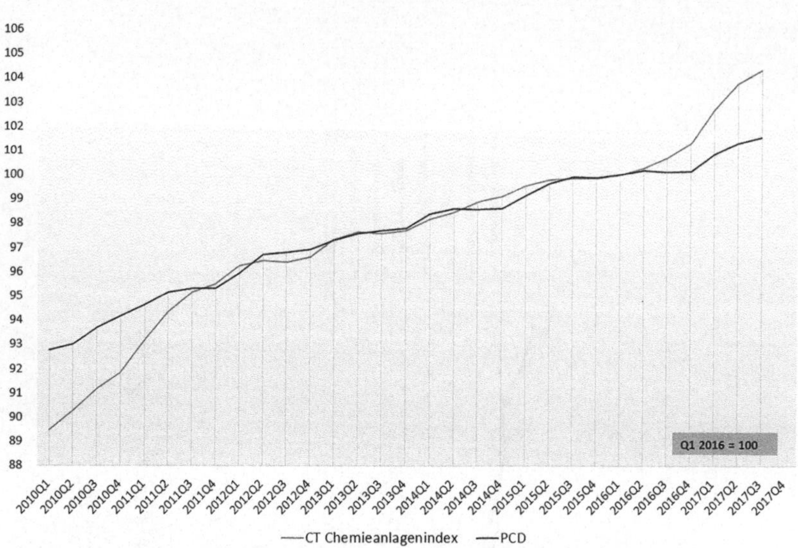


**Abb. 4.2** Vergleich: CT-Index und PCD-Index (Basis Q1 2016) [CTRD-18]

☒ Montageversicherung und Hedging

☒ Prozessspezifische Kosten wie z. B. Katalysatoren, Erstbefüllung

☒ Entsorgung von kontaminiertem Boden etc.

### 4.2.3 Chemical Engineering Plant Cost Index (CEPCI)

Der seit 1963 veröffentlichte Chemical Engineering Plant Cost Index (CEPCI) ist einer der bekanntesten internationalen Kostenindizes und hat aufgrund seiner Datenbasis große Bedeutung in der amerikanischen chemischen Prozessindustrie [CHEO-18]. Der Index besteht gemäß [CHEO-02] aus 4 Hauptindizes und 7 Subindizes für den Hauptindex *Equipment* (Tab. 4.3).

Das Basisjahr für den CEPCI wird nach [PETI-03] mit 1957–1959 angegeben und hat seit 2009 den in Abb. 4.3 angegebenen Verlauf.

## 4.3 Zusammenwirken von Preisquellen und Kostenindizes

Wie in Abschn. 4.2 beschrieben, lassen sich technisch gleiche Ausrüstungsgegenstände nach Gl. 4.1 von einem früheren Zeitpunkt auf einen aktuellen umrechnen. Dies erfolgt nach dem in Abb. 4.4 dargestellten Schema und soll anhand eines Beispiels erläutert werden.

Am Beispiel in Tab. 4.4, mit einem mantelbeheizten Rührwerksreaktor aus Edelstahl und 10 $m^3$ Volumen, soll das Vorgehen nach diesem Schema verdeutlicht werden.

Demnach würde der 2014 gekaufte Reaktor zu 206.400 US$, 2017 mit einem Dollar-Kurs von 1,07 US$/€ und den jeweiligen Index-„Kursen" ca. 175.980 € kosten.

**Tab. 4.3** Wichtung des CEPCIs [CHEO-02]

| ID | Index im CEPCI | Gewichtung im CEPCI (%) | Gewichtung in 1 (%) |
|---|---|---|---|
| **1** | **Equipment** | **50,68** | 100 |
| 1.1 | Wärmetauscher und Tanks | | 33,8 |
| 1.2 | Maschinen | | 12,8 |
| 1.3 | Rohrleitungen und Armaturen | | 19,0 |
| 1.4 | Instrumentierung | | 10,5 |
| 1.5 | Pumpen und Verdichter | | 6,4 |
| 1.6 | Elektrische Ausrüstung | | 7,0 |
| 1.7 | Stahlbau und Sonstiges | | 10,5 |
| **2** | **Gebäude** | **4,58** | |
| **3** | **Engineering und Management** | **15,75** | |
| **4** | **Bau- und Montagearbeiten** | **29,0** | |

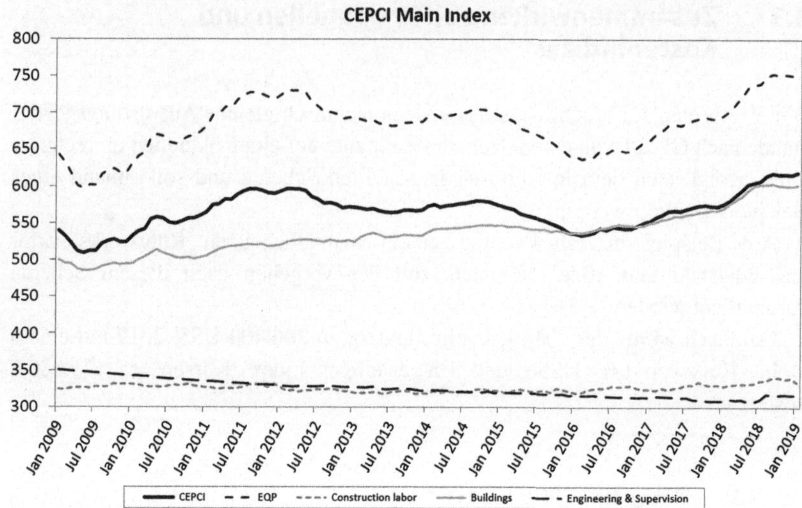


**Abb. 4.3** Verlauf des CEPCI's und seine Hauptindizes seit 2009 [CHEO-18]

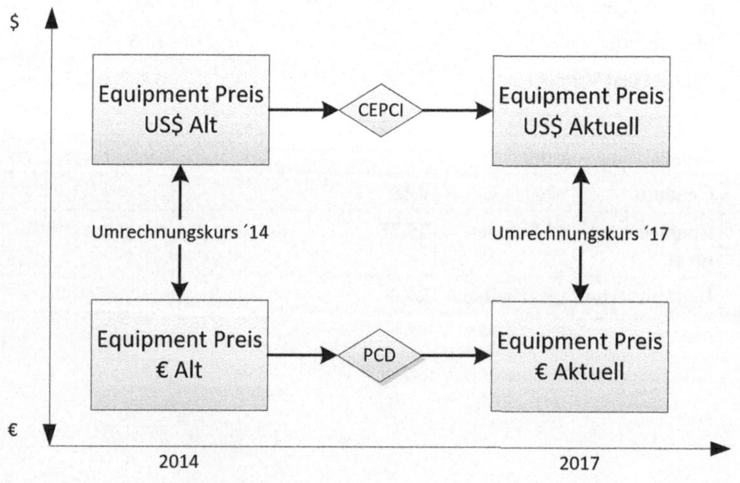


**Abb. 4.4** Umrechnungsschema von EQP-Preisen mittels der Preisindizes

**Tab. 4.4** Bsp. Umrechnung eines Reaktors aus 2014 nach 2017

| Preis in US$ 2014 | CEPCI-Index 04/2014 | CEPCI-Index 01/2017 | Preis in US$ 01/2017 | US$-Kurs 01/2017 [FINZ-18] | Preis in € |
|---|---|---|---|---|---|
| 206.400 US$ | 633,9 | 578,3 | 188.297 US$ | 1,07 US$/€ | 175.978 € |

# Was Sie aus diesem *essential* mitnehmen können

- Einen Einblick in die Grundlagen der Kostenschätzung im chemischen Anlagenbau in den jeweiligen Projektphasen
- Ein Bewusstsein für auftretende Kostenfaktoren
- Eine Hilfestellung zur Umsetzung der Projektierung von verfahrenstechnischen Anlagen



D. O. Kunysz, *Kostenschätzung im chemischen Anlagenbau*, essentials,
https://doi.org/10.1007/978-3-658-29251-5

# Literatur


[BAUF-17] bauforumstahl, *Kosten im Stahlbau 2017 Basisinformationen zur Kalkulation*, Stuttgart, bauforumstahl, 2017, (1. Auflage)

[BAUK-17] Baukammer Berlin, *Angemessene Stundensätze für ingenieurtechnische Leistungen*, Berlin, BK Berlin, 2017, Merkblatt 7

[BKIB-01] BKI Baukosteninformationszentrum, *BKI Baukosten 2001 Teil 1: Kostenkennwerte für Gebäude*, Stuttgart, BKI, 2001, (1. Auflage)

[CHEO-02] VATAVUK, William M., *Updating the CE Plant Cost Index*, Chemical Engineering Jan. 2002

[CHEO-18] Chemical Engineering, *Internetpräsenz*, http://www.chemengonline.com/pci-home (Zugriff am 10.05.2019)

[CHWZ-18] Verband der Chemischen Industrie, *Chemiewirtschaft in Zahlen 2018*, Frankfurt, VCI, 2018, 60. Ausgabe

[CTBI-16] Chemie Technik, Internetpräsenz, SCHEUERMANN, Armin „Boden gefunden?", http://www.chemietechnik.de/ct-exklusiv-baupreisindex-fuer-chemieanlagen-9/ (Zugriff am 30.04.2018)

[CTBI-17] Chemie Technik, *Internetpräsenz*, MALZKORN, Astrid et al. „Index statt Glaskugel", http://www.chemietechnik.de/neuer-preisindex-fuer-chemieanlagen/ (Zugriff am 04.05.2018)

[CTRD-18] Chemie Technik Redaktion, Persönliche Email mit Zusendung des PCD-Index, (Erhalten am 02.03.2018)

[DACE-18] DACE Online, *Internetpräsenz*, https://www.dacepricebooklet.com/introduction (Zugriff am 30.04.2018)

[DINI-15] DIN EN ISO 10628-1, Schemata für die chemische und petrochemische Industrie Teil 1, 2015

[FINZ-18] Finanzen.net, *Internetpräsenz*, https://www.finanzen.net/waehrungsrechner/us-dollar_euro (Zugriff am 10.05.2018)

[GAUL-04] ULRICH, Prof. Gael D.; VASUDEVAN, Prof. Palligarnai T., *Chemical Engineering*, New Hampshire, Process Publishing, 2004

[HBVA-99] HIRSCHBERG, Prof. Dr. Hans Günther, *Handbuch Verfahrenstechnik und Anlagenbau*, Berlin, Springer-Verlag, 1999, (1. Auflage)

[HEFI-90] HEFI-90, Dipl.-Ing. Dr. techn. Helmut, *Projektierung im Anlagenkapitalbedarf von Chemieanlagen*, Chem.-Ing.-Tech. 62 (1990) Nr. 12, S. 1007–1017





D. O. Kunysz, *Kostenschätzung im chemischen Anlagenbau*, essentials,
https://doi.org/10.1007/978-3-658-29251-5

[KETH-05] HUMPHREYS, Kenneth K., *Project and cost engineers' handbook*, Boca Raton, CRC Press, 2005, (4. Auflage)

[KHWB-14] WEBER, Klaus H., *Engineering verfahrenstechnischer Anlagen*, Berlin, Springer-Verlag, 2014, (1. Auflage)

[KÖLB-60] KÖLBEL, Dr. phil. Herbert; SCHULZE, Dr.-Ing. Joachim, *Projektierung und Vorkalkulation in der chemischen Industrie*, Berlin, Springer-Verlag, 1960, (1. Auflage)

[MSJS-93] SCHEMBRA, Mario; SCHULZE, Joachim, *Schätzung der Investitionskosten bei der Prozeßentwicklung*, Chem.-Ing.-Tech. 65 (1993) Nr. 1, S. 41–47

[NACO-01] NAVARRETE, Pablo F.; COLE, William, *Planning, Estimating and Control of Chemical Construction Proj.*, New York, Marcel Dekker Inc., 2001

[PETI-03] PETERS, Max S.; TIMMERHAUS, Klaus D.; WEST Ronald E., *Plant Design and Economics for Chemical Engineers*, New York, McGraw-Hill, 2003, (5. Auflage)

[PNCD-18] ProcessNet, *Internetpräsenz*, http://processnet.org/pcd.html (Zugriff am 04.05.2018)

[PRIZ-85] PRIZING, Dr.-Ing. P.; RÖDL, Dr.-Ing. R; AICHERT, Ing. D., *Investitionskosten-Schätzung für Chemieanlagen*, Chem.-Ing.-Tech. 57 (1985) Nr. 1, S. 8–14

[STBA-11] DESTATIS Statistisches Bundesamt, *Produzierendes Gewerbe*, Destatis, 2018, Fachserie 4 Reihe 3.1

[THBR-07] BROWN, Th., *Engineering Economics and Economic Design for Process Eng*, Boca Raton, CRC Press, 2007

[ULLR-96] ULLRICH, Prof. Dipl.-Ing. Dr. techn. Hansjürgen, *Wirtschaftliche Planung und Abwicklung verfahrenstechnische Anlagen*, Essen, Vulkan-Verlag, 1996, (2. Auflage)

[WRÄH-16] RÄHSE, Dr.-Ing. Wilfried, Vorkalkulation chemischer Anlagen, Chem.-Ing.-Tech. 88 (2016) Nr. 8, S. 1068–1081